目　录

任务一　识读建筑施工图

【任务描述】

请学生自主识读某某幼儿园的建筑施工图，完成本次工作任务。

本任务以某小区幼儿园为例进行实施。通过幼儿园建筑施工图的识读，了解建筑施工图的构成。

【学习目标】

通过学习掌握建筑施工图整套图纸的构成及内容，学会建筑施工图的识读方法。

【任务书】

根据实际情况填写表1-1。

表1-1　任务书

专业班组		班长		日期	
工作任务	建筑施工图的识读				
姓名		班级		日期	
检查意见：					
签　章：					

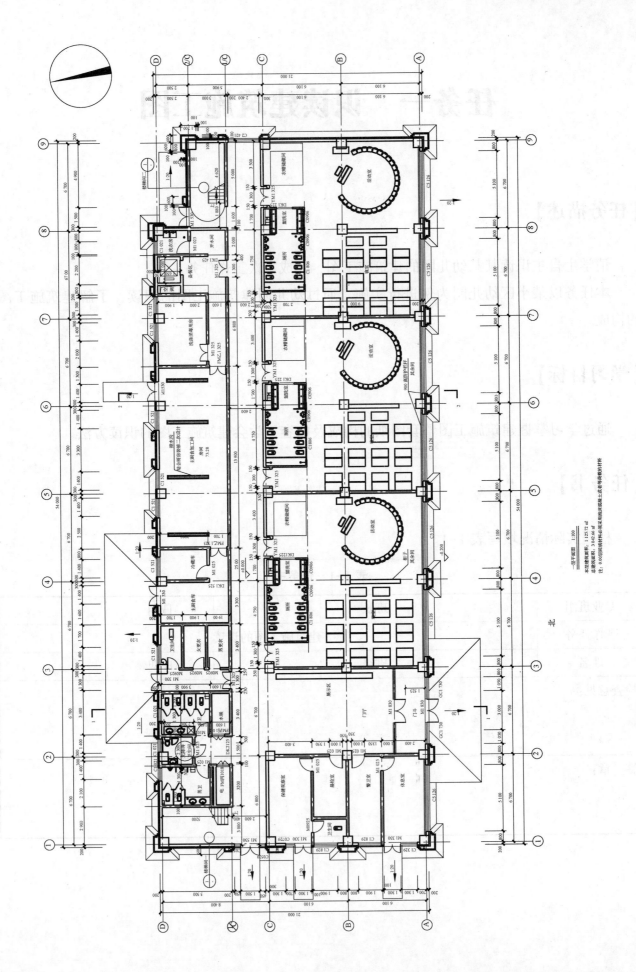

一层平面图 1:100

本层建筑面积：1 125.72 ㎡
总建筑面积：3 042.66 ㎡
注：0.00以因阴块材料必须采用低碱混凝土及态等荷载的材料

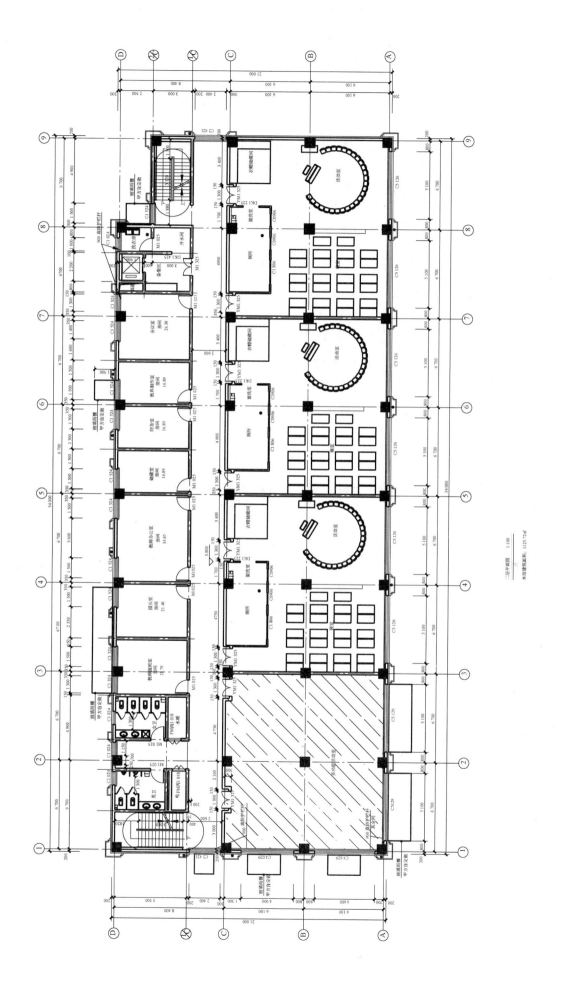

二层平面图 1:100

本层建筑面积：1125.72m²

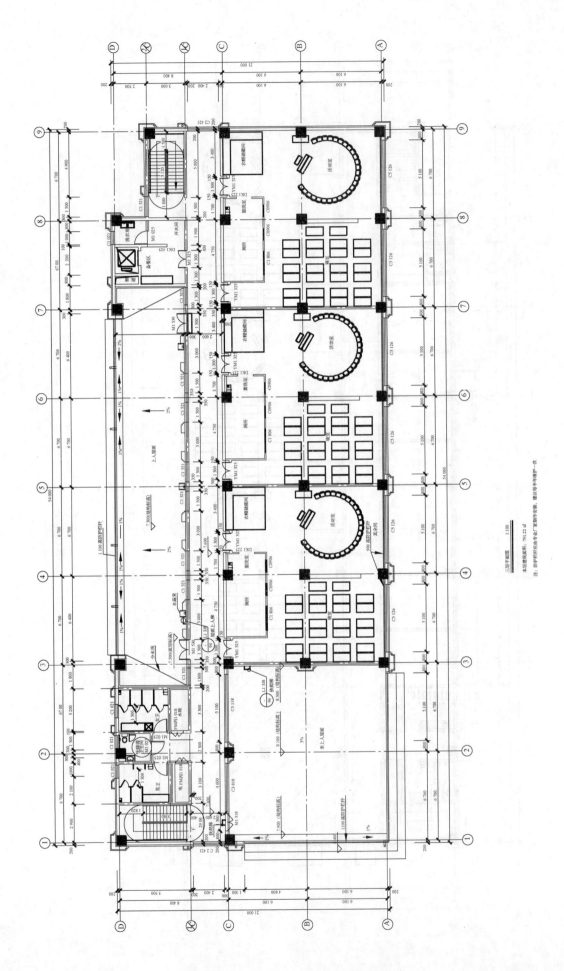

二层平面图　1:100

本层建筑面积：791.22 ㎡

注：防护栏杆宜由专业厂家制作安装，建议每半年维护一次。

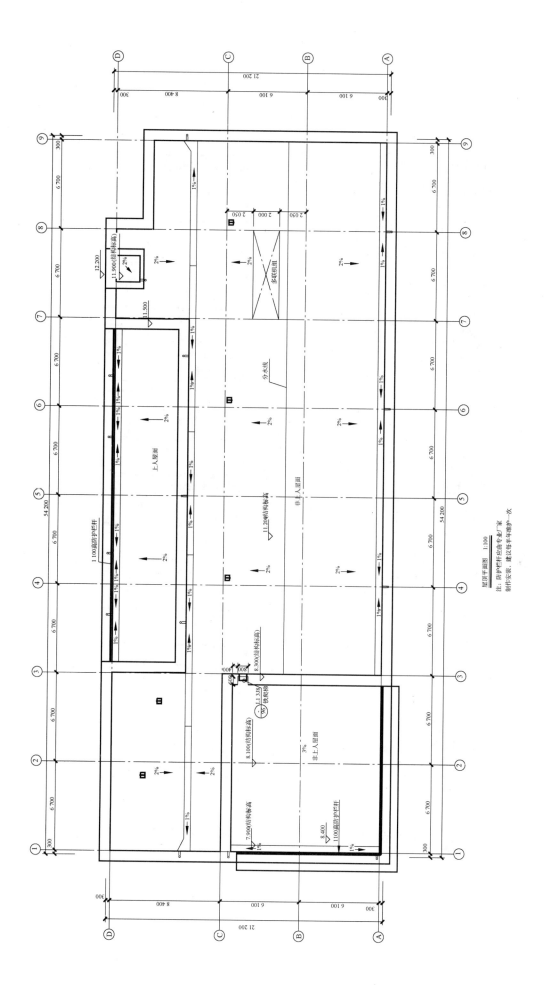

屋顶平面图 1:100

注：防护栏杆应由专业厂家
制作安装，建议每半年维护一次

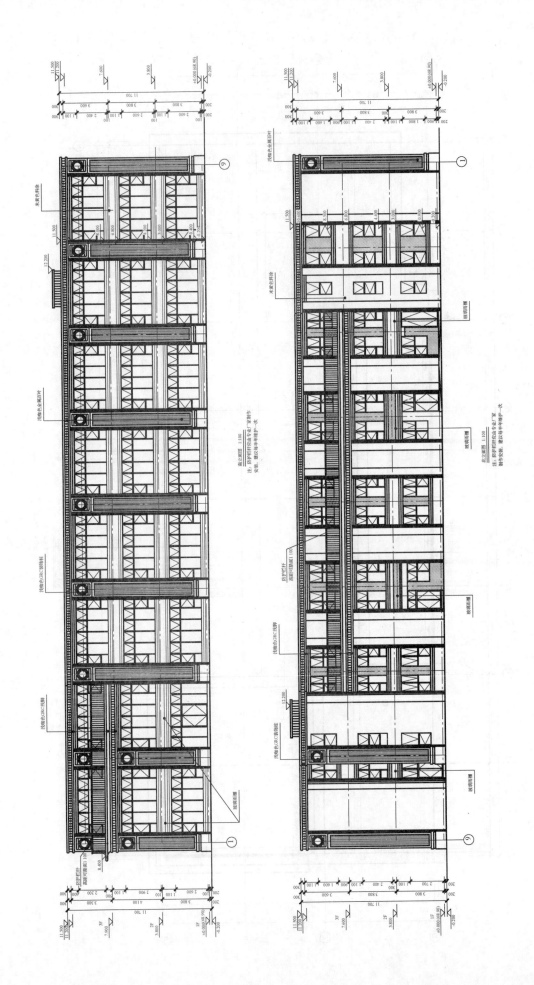

南立面图 1:100
注：防护栏杆应由专业厂家制作
安装，建议每半年维护一次

北立面图 1:100
注：防护栏杆应由专业厂家
制作安装，建议每半年维护一次

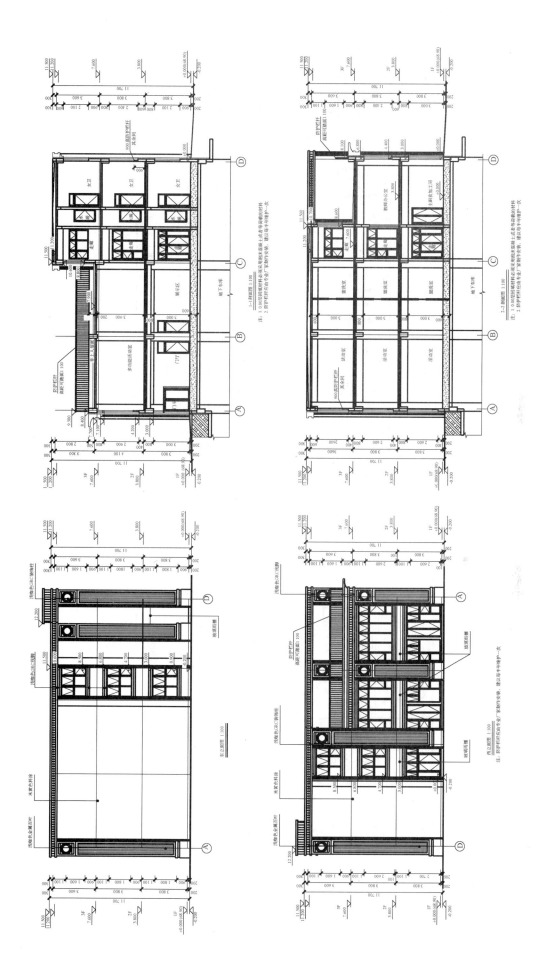

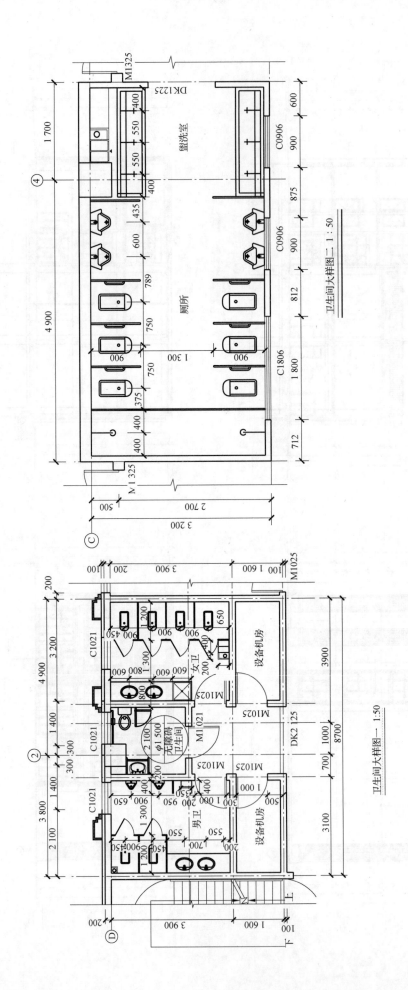

卫生间大样图二 1：50

卫生间大样图一 1:50

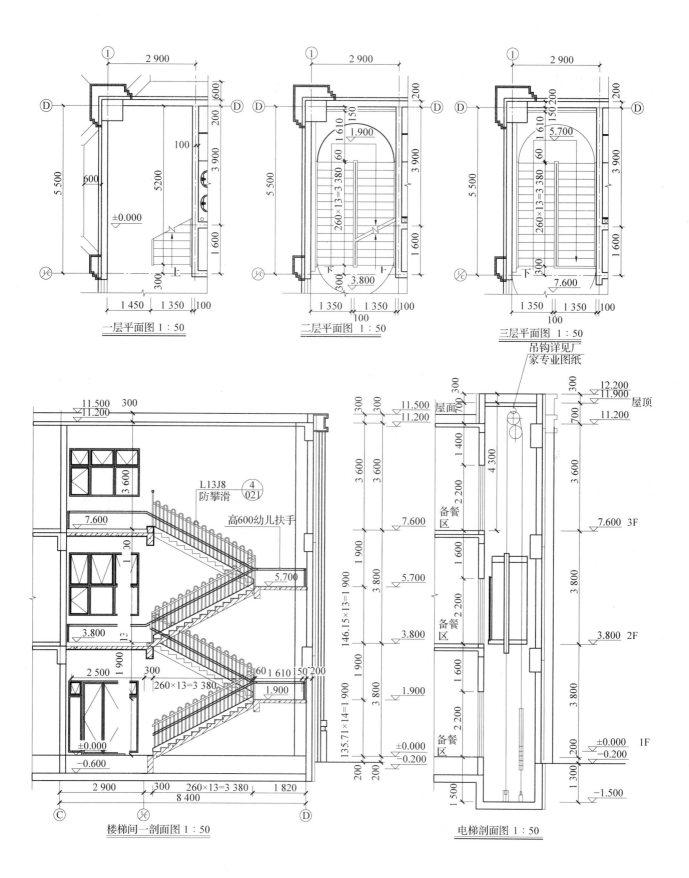

一层平面图 1:50

二层平面图 1:50

三层平面图 1:50
吊钩详见厂家专业图纸

楼梯间一剖面图 1:50

电梯剖面图 1:50

L13J8
防攀滑 ④/021

高600幼儿扶手

【任务分组】

进行任务分组,填写表 1-2。

表 1-2　任务分组

班级		组号		指导教师	
组长		学号			
组员					
任务分工:					

【获取信息】

了解本任务需要掌握的内容,包括建筑施工图的设备类型、图例、设计思路等,首先搜集相关资料。

引导问题 1:建筑施工图由哪些元素构成?

引导问题 2:建筑施工图如何设计?

【工作计划】

按照搜集资讯与决策过程，制定绘制图纸的方案，完成表1-3。

表1-3　工作计划

步骤	工作内容	负责人
1		
2		
3		
4		
5		
6		
7		
8		
9		

【进行决策】

由教师带领学生完成对建筑施工图的识读。本任务可以使学生掌握建筑施工图的基本知识、基本构成。

【任务实施】

进行建筑施工图的识读，并填写表1-4。

表1-4　建筑施工图的识读步骤

序号	项目	图纸内容
1	一层平面图的识读	
2	二层平面图的识读	

序号	项目	图纸内容
3	三层平面图的识读	
4	屋顶平面图的识读	
5	建筑立面图的识读	
6	建筑剖面图的识读	

【任务评价】

根据任务实施情况进行评价，并填写表 1-5。

表 1-5　学习任务评价表

任务名称	具体细则	分数	自评	师评	互评
建筑施工图的识读	一层平面图的识读	100			
	二层平面图的识读				
	三层平面图的识读				
	屋顶平面图的识读				
	建筑立面图的识读				
	建筑剖面图的识读				
总分					

任务二 识读建筑给水施工图

【任务描述】

请学生自主识读某配套公建楼给水施工图，完成本次工作任务。

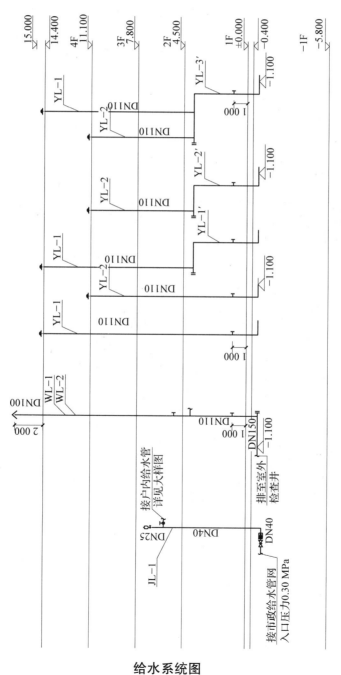

给水系统图

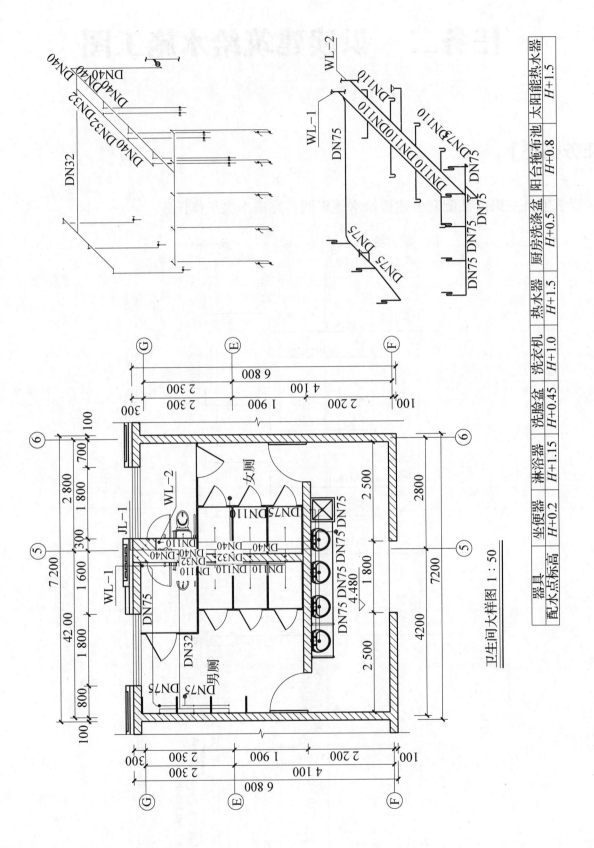

卫生间大样图 1:50

器具 配水点标高	坐便器 H+0.2	淋浴器 H+1.15	洗脸盆 H+0.45	洗衣机 H+1.0	热水器 H+1.5	厨房洗涤盆 H+0.5	阳台拖布池 H+0.8	太阳能热水器 H+1.5

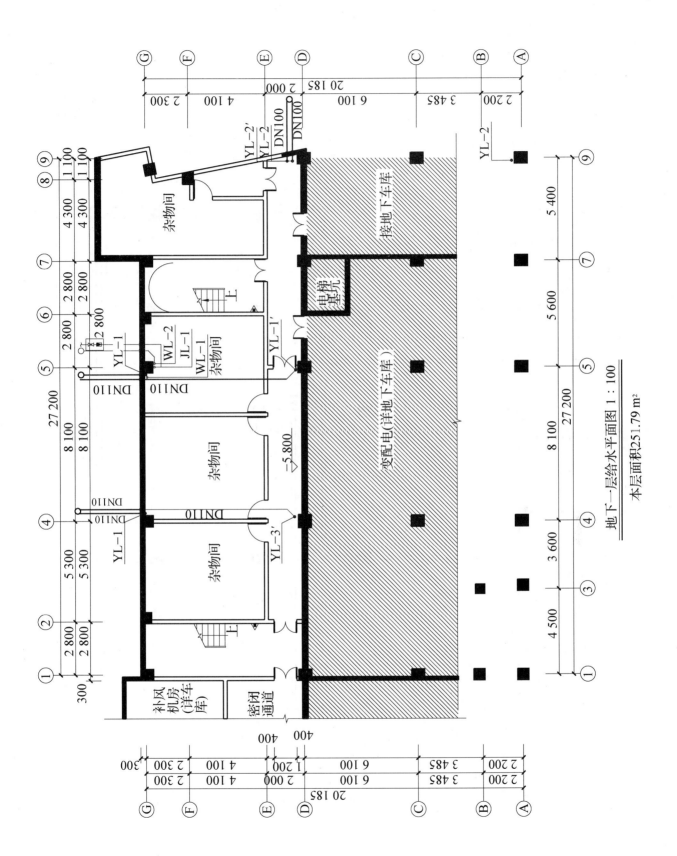

地下一层给水平面图 1 : 100

本层面积251.79 m²

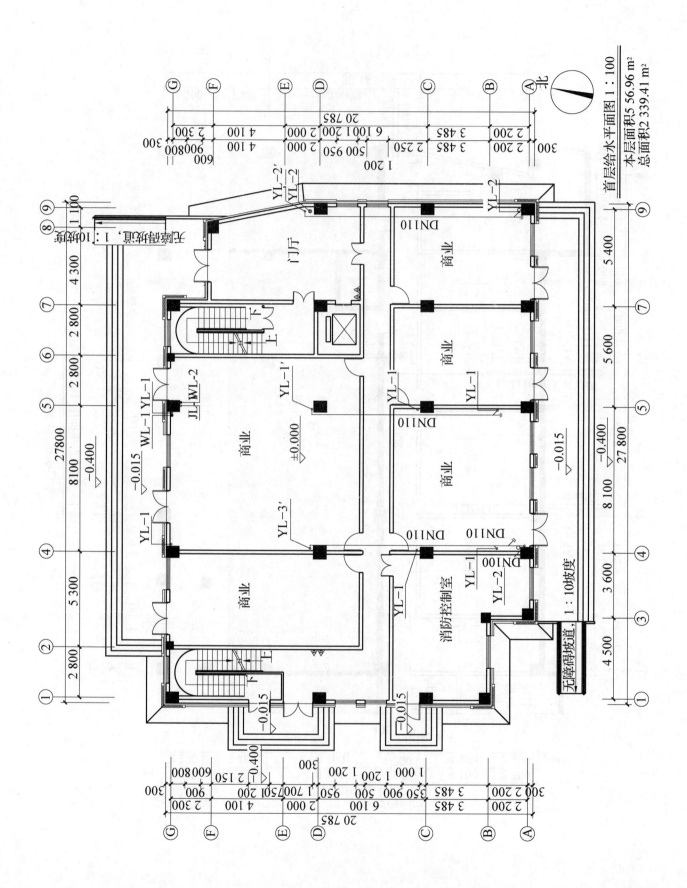

首层给水平面图 1：100

本层面积5 56.96 m²
总面积2 339.41 m²

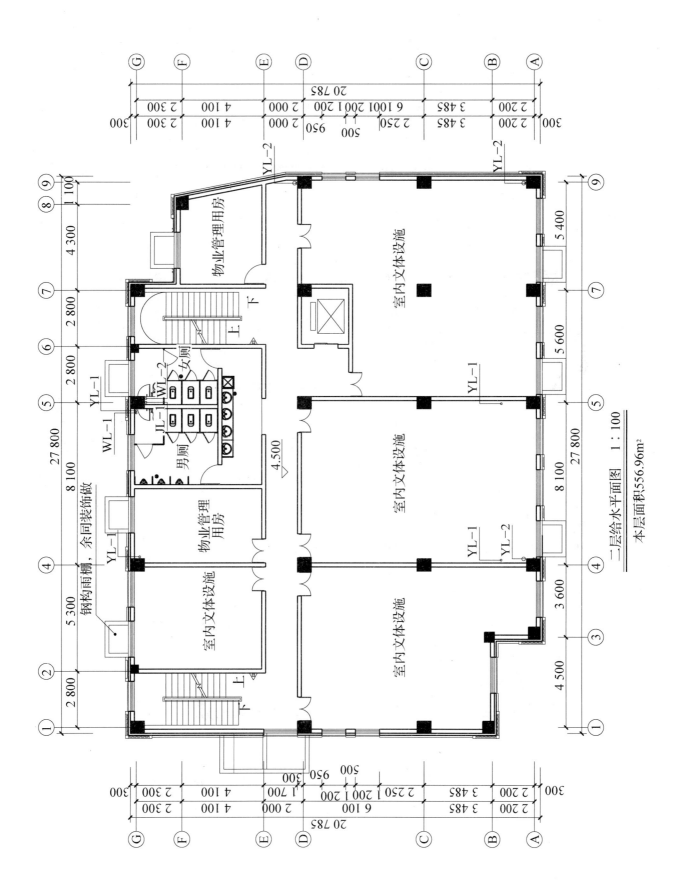

二层给水平面图 1:100

本层面积556.96m²

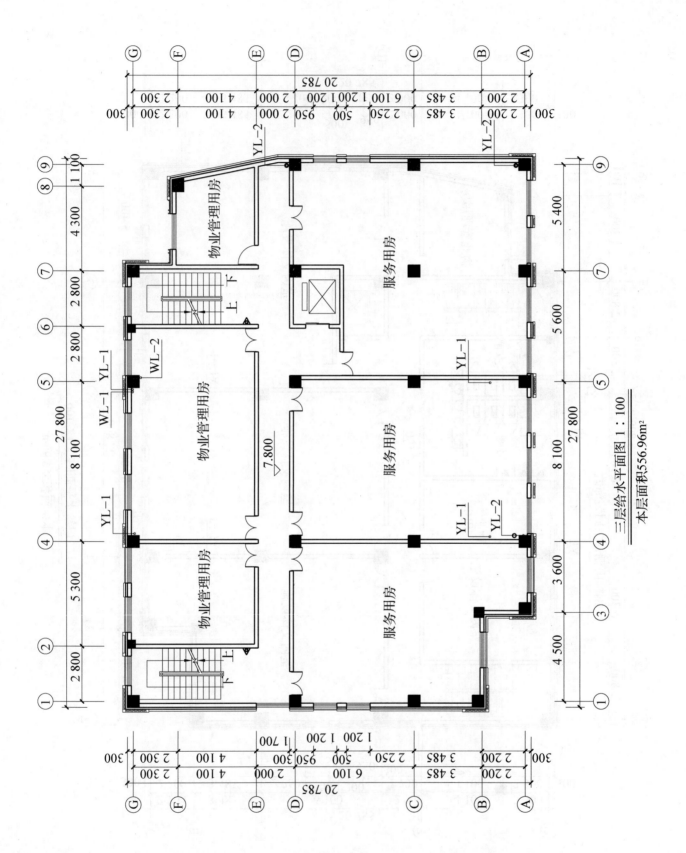

三层给水平面图 1 : 100

本层面积556.96m²

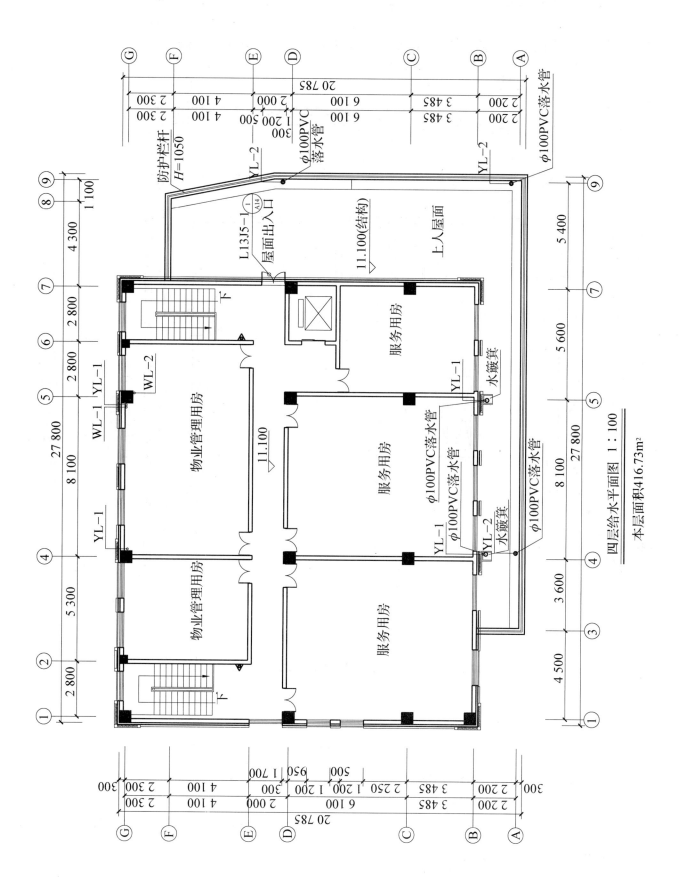

四层给水平面图 1：100

本层面积416.73m²

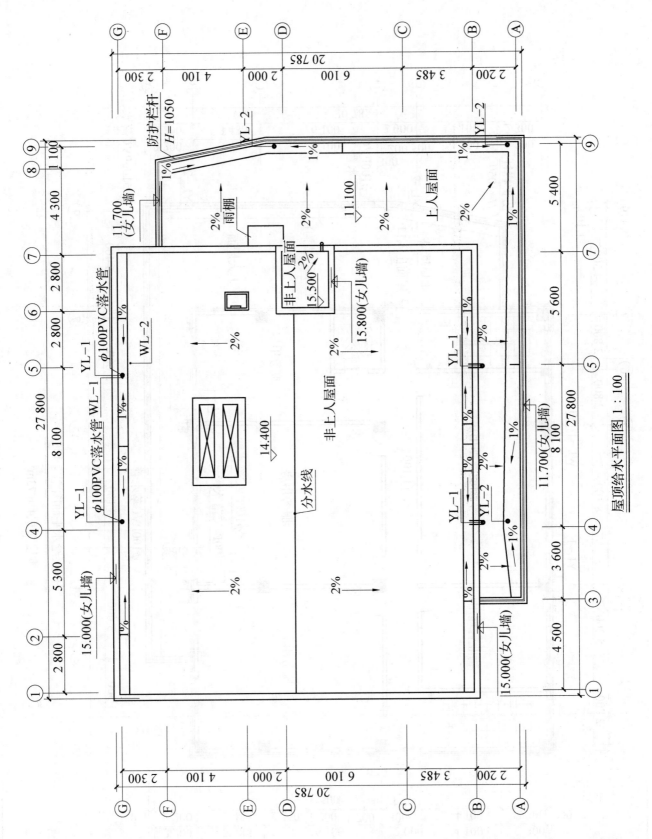

屋顶给水平面图 1:100

本任务以某小区配套公建为例,进行实施。通过配套公建给水施工图的识读,了解给水施工图的设计原则。

【学习目标】

通过学习掌握给水系统的组成、分类，以及给水管道的布置，学会建筑给水施工图的识读方法。

【任务书】

根据实际情况填写表2-1。

表2-1 任务书

专业班组		班长		日期	
工作任务		建筑给水施工图的识读			
姓名		班级		日期	
检查意见：					
签 章：					

【任务分组】

进行任务分组，填写表2-2。

表2-2 任务分组

班级		组号		指导教师	
组长		学号			
组员					
任务分工：					

【获取信息】

了解本任务需要掌握的内容，包括建筑给水施工图的设备类型、图例、设计思路等，首先搜集相关资料。

引导问题1：建筑给水施工图由哪些元素构成？分别怎么表示？

引导问题2：建筑给水施工图如何设计？

【工作计划】

按照搜集资讯与决策过程，制定绘制图纸的方案，完成表2-3。

表2-3　工作计划

步骤	工作内容	负责人
1		
2		
3		
4		
5		
6		
7		
8		

【进行决策】

由教师带领学生完成对建筑给水施工图的识读。本任务可以使学生掌握建筑给水施工图的基本知识、基本构成。

【任务实施】

识读建筑给水施工图，并填写表2-4。

表2-4　建筑给水施工图的识读步骤

序号	项目	图纸内容
1	地下一层给水平面图的识读	
2	首层给水平面图的识读	
3	二层给水平面图的识读	
4	三层给水平面图的识读	
5	四层给水平面图的识读	
6	屋顶给水平面图的识读	
7	给水系统图的识读	
8	卫生间大样图的识读	

【任务评价】

根据任务实施情况进行评价，并填写表2-5。

表 2-5　学习任务评价表

任务名称	具体细则	分数	自评	师评	互评
建筑给水施工图的识读	地下一层给水平面图的识读	100			
	首层给水平面图的识读				
	二层给水平面图的识读				
	三层给水平面图的识读				
	四层给水平面图的识读				
	屋顶给水平面图的识读				
	给水系统图的识读				
	卫生间大样图的识读				
总分					

任务三 识读建筑排水施工图

【任务描述】

请学生自主识读某单栋别墅排水施工图，完成本次工作任务。

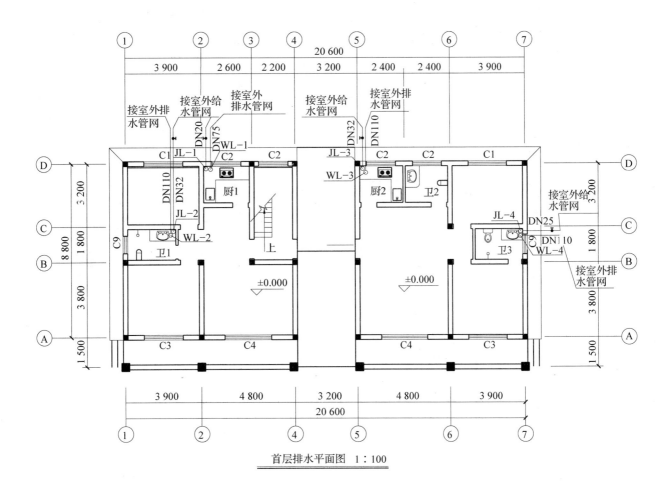

首层排水平面图 1:100

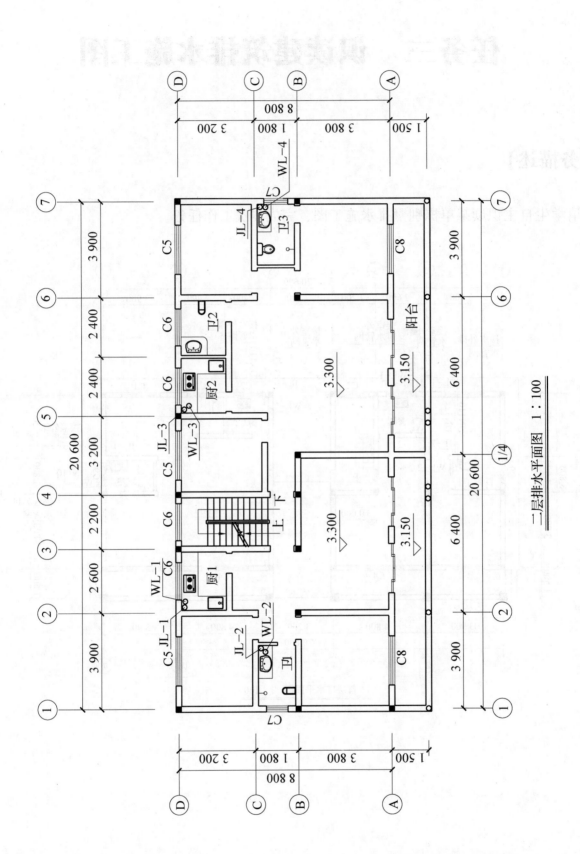

二层排水平面图 1:100

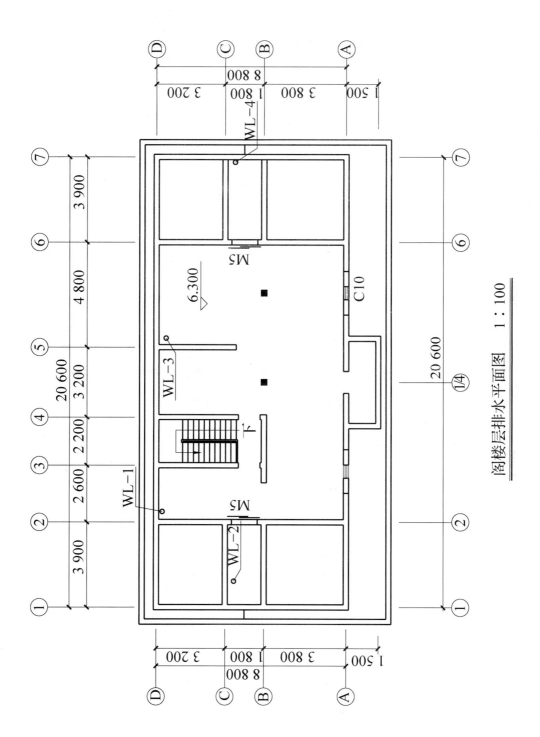

阁楼层排水平面图　1 : 100

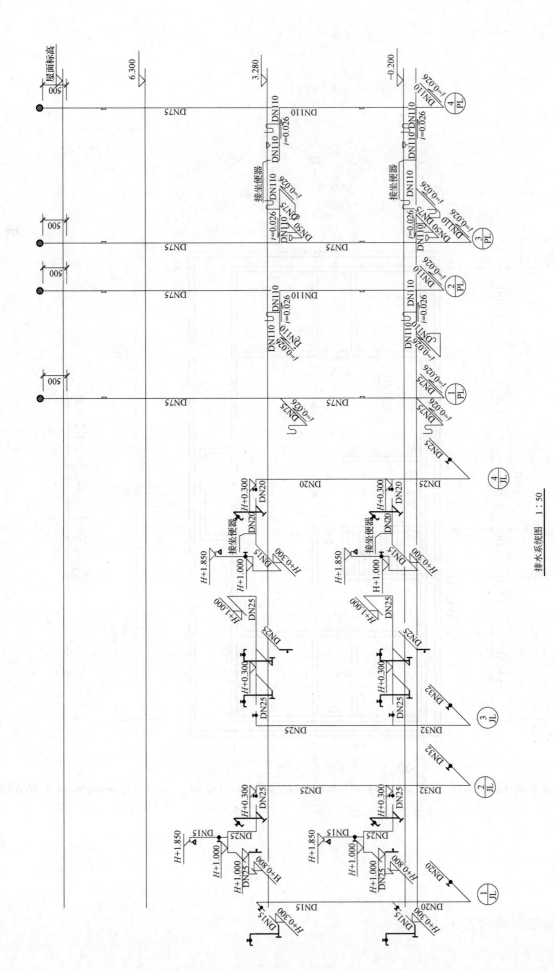

排水系统图 1:50

注：H为所在层楼面标高。

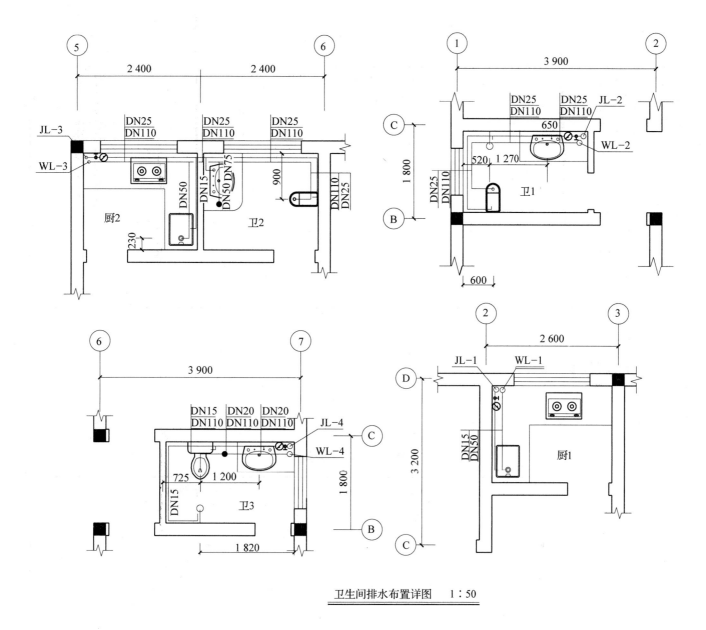

卫生间排水布置详图　1：50

本任务以某别墅的排水施工为例，进行实施。通过别墅排水施工图的识读，使学生了解排水施工图的设计原则。

【学习目标】

通过学习掌握排水系统的组成、分类，以及排水管道的布置，学会建筑排水施工图的识读方法。

【任务书】

根据实际情况填写表 3-1。

表 3-1　任务书

专业班组		班长		日期	
工作任务			建筑排水施工图的识读		
姓名		班级		日期	
检查意见：					
签　章：					

【任务分组】

进行任务分组，填写表 3-2。

表 3-2　任务分组

班级		组号		指导教师	
组长		学号			
组员					
任务分工：					

【获取信息】

了解本任务需要掌握的内容，包括建筑排水施工图的设备类型、图例、设计思路等，首先搜集相关资料。

引导问题 1：建筑排水施工图由哪些设备组成？如何表示这些设备？

引导问题 2：建筑排水施工图如何设计？

【工作计划】

按照搜集资讯与决策过程，制定绘制图纸的方案，完成表 3-3。

表 3-3　工作计划

步骤	工作内容	负责人
1		
2		
3		
4		
5		
6		
7		
8		

【进行决策】

由教师带领学生完成对建筑排水施工图的识读。本任务可以使学生掌握建筑排水施工图的基本知识、基本构成。

【任务实施】

进行建筑排水施工图的识读，并填写表 3-4。

表 3-4　建筑排水施工图的识读步骤

序号	项目	图纸内容
1	首层排水平面图的识读	
2	二层排水平面图的识读	
3	阁楼层排水平面图的识读	
4	排水系统图的识读	
5	卫生间排水布置详图的识读	

【任务评价】

根据任务实施情况进行评价，并填写表 3-5。

表 3-5　学习任务评价表

任务名称	具体细则	分数	自评	师评	互评
建筑排水施工图的识读	首层排水平面图的识读	100			
	二层排水平面图的识读				
	阁楼层排水平面图的识读				
	排水系统图的识读				
	卫生间排水布置详图的识读				
总分					

任务四 识读建筑消防给水施工图

【任务描述】

请学生自主识读某某幼儿园的消防给水施工图，完成本次工作任务。

本任务以某小区幼儿园为例，进行实施。通过幼儿园消防给水施工图的识读，学生应了解消防给水施工图的设计原理、原则。

【学习目标】

通过学习掌握消防给水图识图基础、自动喷淋系统施工图系统及原理、自动喷淋系统管网及喷头的布置等，学会建筑消防给水施工图的识读方法。

【任务书】

根据实际情况填写表4-1。

表4-1 任务书

专业班组		班长		日期	
工作任务		建筑消防给水施工图的识读			
姓名		班级		日期	
检查意见：					
签　章：					

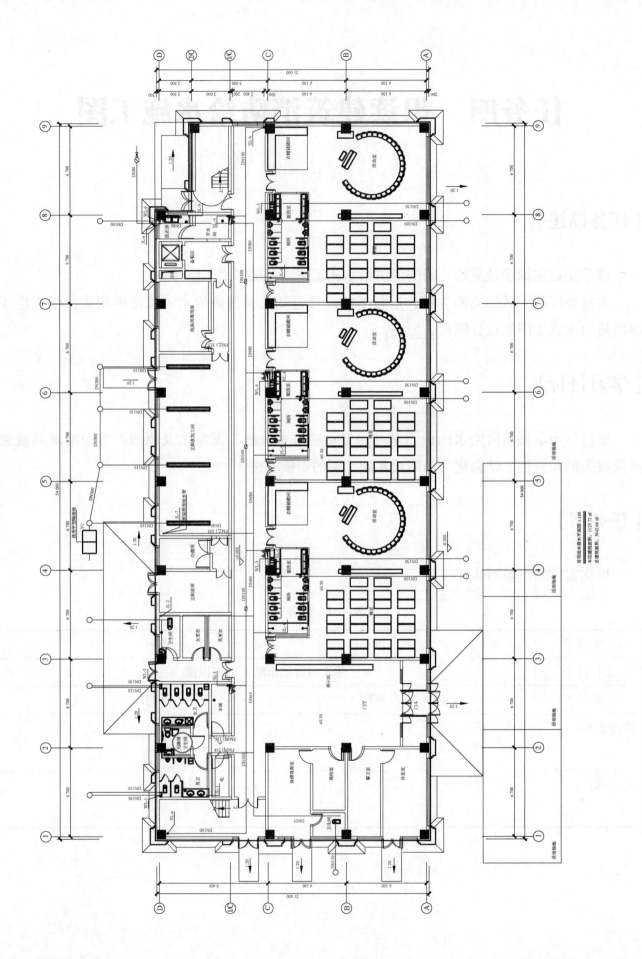

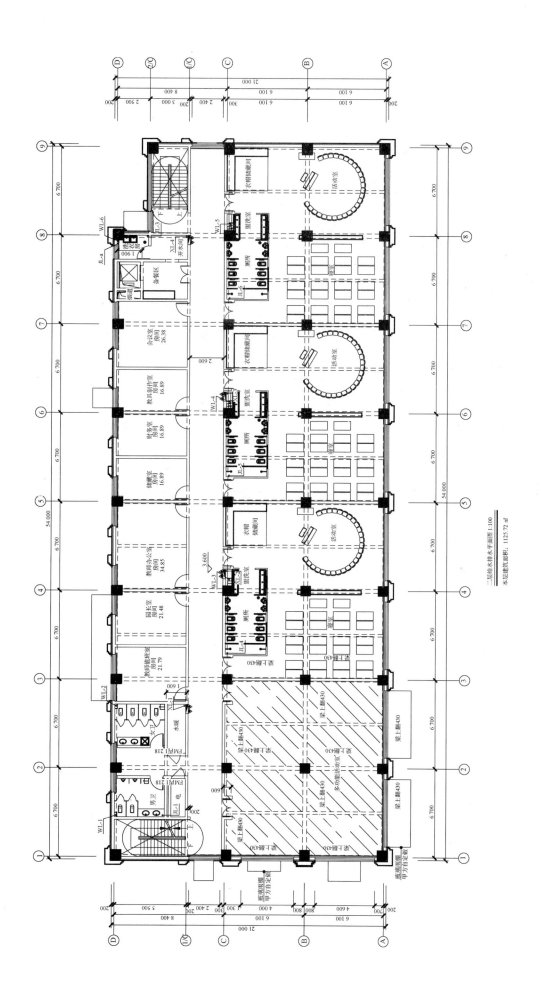

二层给水排水平面图 1:100
本层建筑面积：1125.72 ㎡

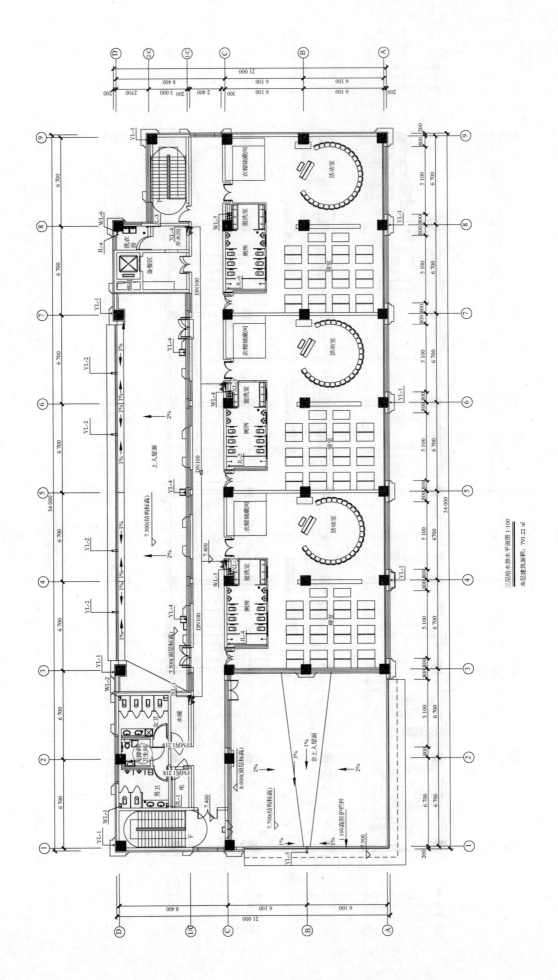

三层给水排水平面图 1:100
本层建筑面积：791.22 m²

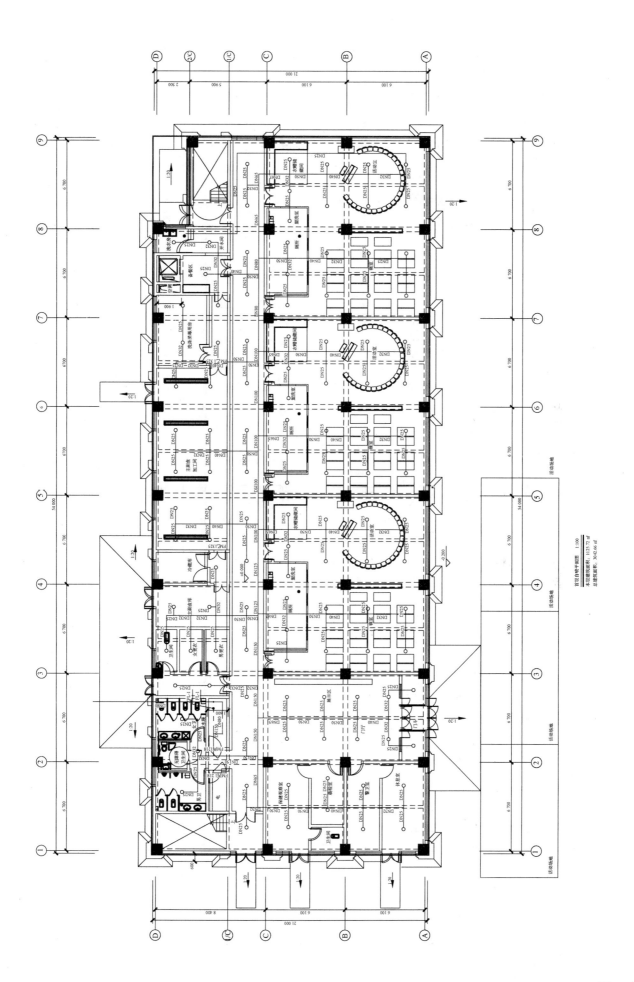

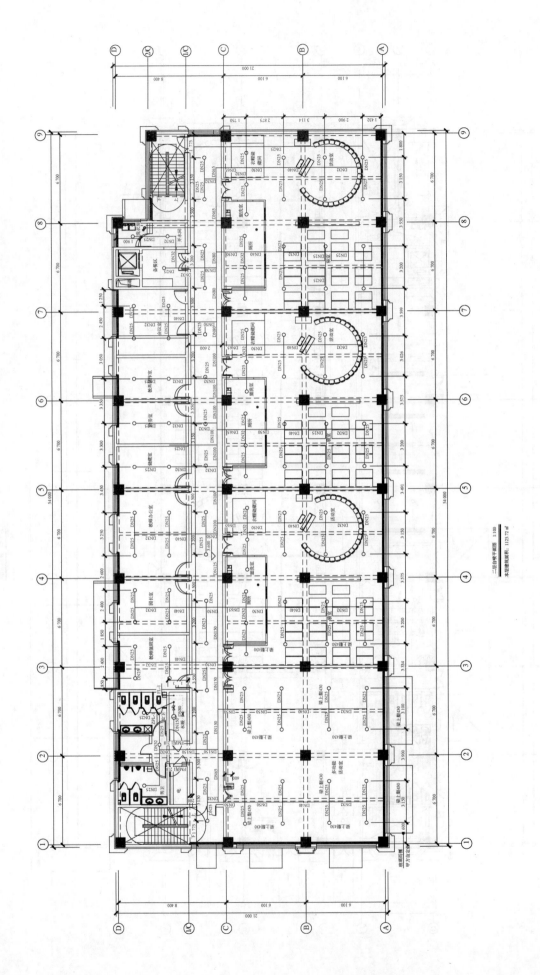

二层总平面图 1:100
本标准建筑面积: 1125.72 ㎡

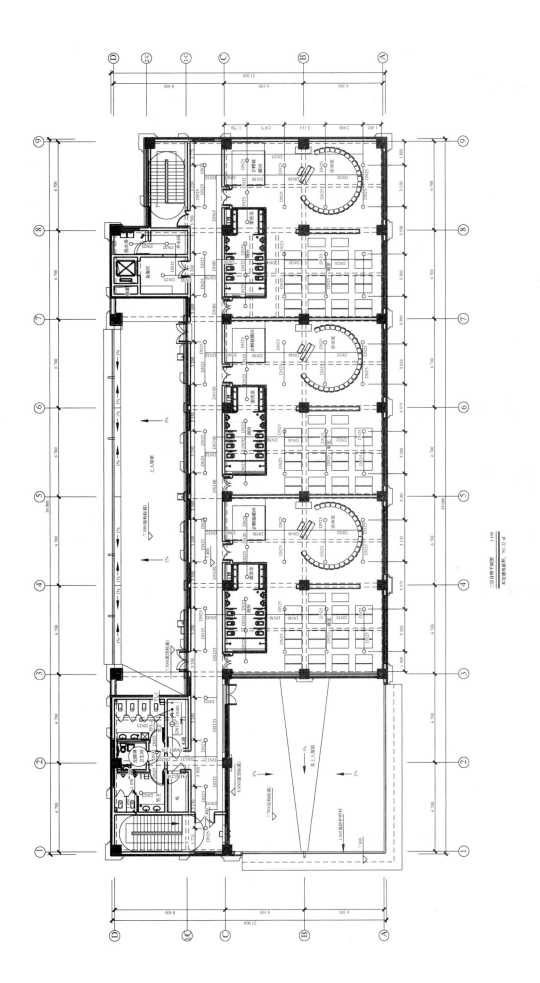

三层自喷平面图 1:100
本楼建筑面积 791.22 ㎡

【任务分组】

进行任务分组，填写表4-2。

表4-2 任务分组

班级		组号		指导教师	
组长		学号			
组员					
任务分工：					

【获取信息】

了解本任务需要掌握的内容，包括建筑消防给水施工图的设备类型、图例、设计思路、组件构成等，首先搜集相关资料。

引导问题1：建筑消防给水施工图由哪些元素构成？分别怎么表示？

引导问题2：建筑消防给水施工图如何设计？

【工作计划】

按照搜集资讯与决策过程，制定识读图纸的方案，完成表4-3。

表4-3 工作计划

步骤	工作内容	负责人
1		
2		
3		
4		
5		
6		
7		
8		

【进行决策】

由教师带领学生完成对建筑消防给水施工图的识读。本任务可以使学生掌握建筑消防给水施工图的基本知识、基本构成。

【任务实施】

识读建筑消防给水施工图，并填写表4-4。

表4-4 建筑消防给水施工图的识读步骤

序号	项目	图纸内容
1	首层给水排水平面图的识读	
2	二层给水排水平面图的识读	
3	三层给水排水平面图的识读	
4	首层自喷平面图的识读	
5	二层自喷平面图的识读	
6	三层自喷平面图的识读	

【任务评价】

根据任务实施情况进行评价，并填写表4-5。

表4-5 学习任务评价表

任务名称	具体细则	分数	自评	师评	互评
建筑消防给水施工图的识读	首层给水排水平面的识读	100			
	二层给水排水平面的识读				
	三层给水排水平面的识读				
	首层自喷平面图的识读				
	二层自喷平面图的识读				
	三层自喷平面图的识读				
总分					

任务五　识图居住小区给水排水管道施工图

【任务描述】

请学生自主识读某小区的给水排水管道施工图，完成本次工作任务。

本任务以某居住小区给水排水管道施工图为例，进行实施。通过居住小区给水排水管道施工图的识读与绘制，了解给水排水施工图的设计原则。

【学习目标】

通过学习掌握居住小区给水排水管道施工图的组成、识读方法。

【任务书】

根据实际情况填写表 5-1。

表 5-1　任务书

专业班组		班长		日期	
工作任务	居住小区给水排水管道施工图的识读				
姓名		班级		日期	
检查意见：					
签　章：					

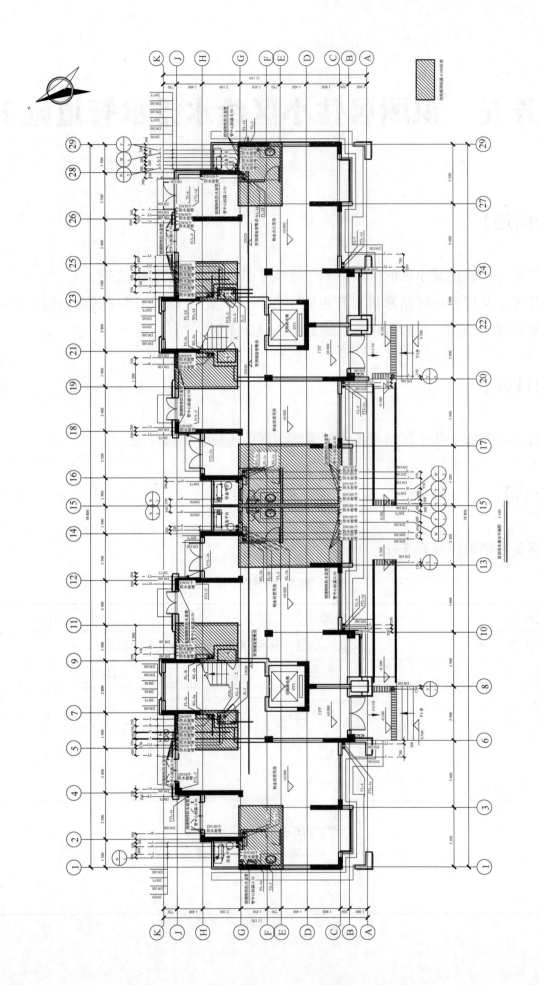

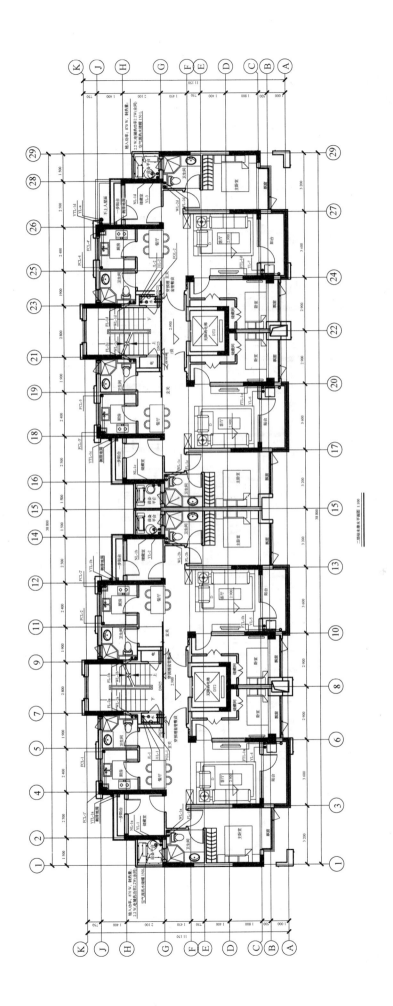

一层给水排水平面图 1:100

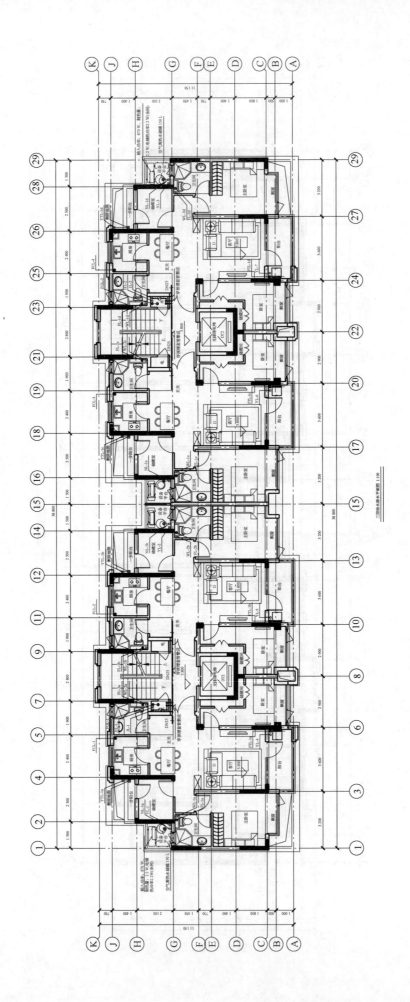

三层给水排水平面图 1:100

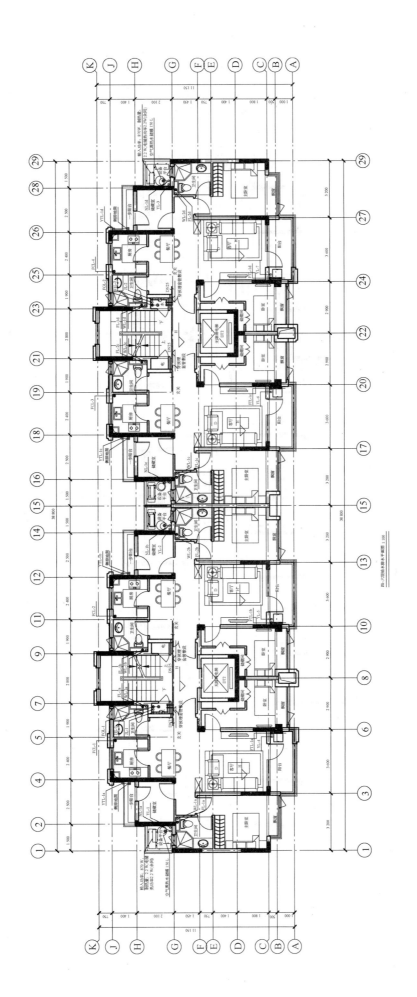

四~六层给水排水平面图 1:100

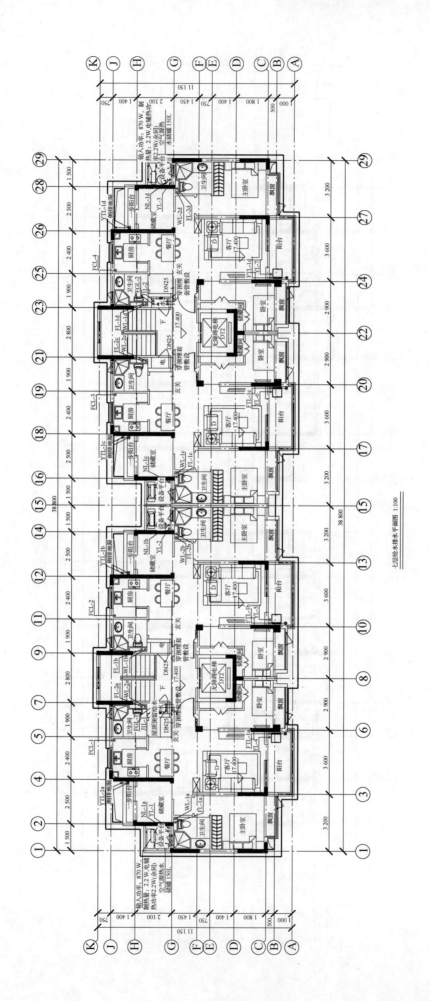

七层给水排水平面图 1:100

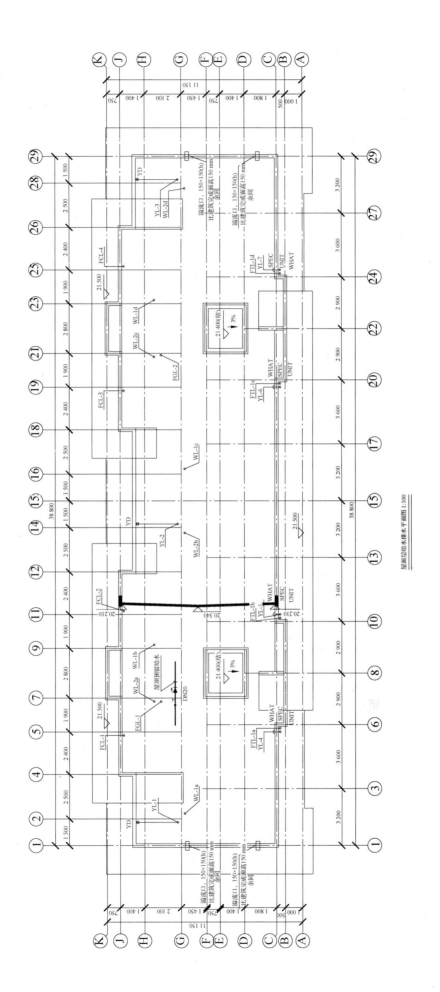

屋面层给水排水平面图 1:100

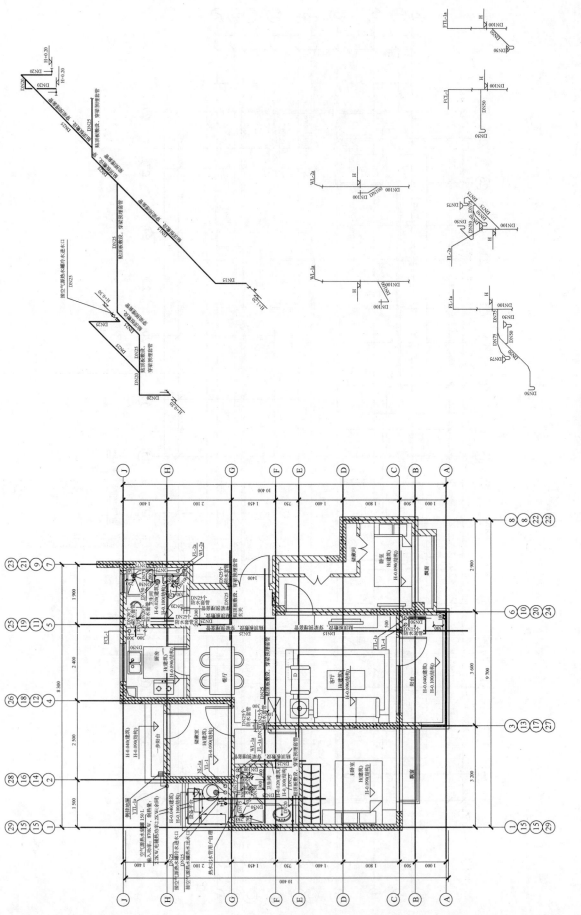

【任务分组】

进行任务分组，填写表5-2。

表5-2　任务分组

班级		组号		指导教师	
组长		学号			
组员					
任务分工：					

【获取信息】

了解本任务需要掌握的内容，包括居住小区给水排水管道施工图的设备类型、图例、设计思路等。为了更好识读居住小区给水排水管道施工图，首先搜集相关资料。

引导问题1：居住小区给水排水管道施工图由哪些设备组成？如何表示这些设备？

引导问题2：居住小区给水排水管道施工图如何设计？

【工作计划】

按照搜集资讯与决策过程，制定绘制图纸的方案，完成表5-3。

表5-3 工作计划

步骤	工作内容	负责人
1		
2		
3		
4		
5		
6		
7		
8		

【进行决策】

由教师带领学生完成对居住小区给水排水管道施工图的识读。本任务可以使学生掌握居住小区给水排水管道施工图的基本知识、基本构成。

【任务实施】

识读居住小区给水排水管道施工图，填写表5-4。

表5-4 居住小区给水排水管道施工图的识读步骤

序号	项目	图纸内容
1	首层给水排水平面图的识读	
2	二层给水排水平面图的识读	
3	三层给水排水平面图的识读	

序号	项目	图纸内容
4	四~六层给水排水平面图的识读	
5	七层给水排水平面图的识读	
6	屋面层给水排水平面图的识读	
7	D 户型给水排水大样图的识读	

【任务评价】

根据任务实施情况进行评价，并填写表5-5。

表5-5　学习任务评价表

任务名称	具体细则	分数	自评	师评	互评
居住小区给水排水管道施工图的识读	首层给水排水平面图的识读	100			
	二层给水排水平面图的识读				
	三层给水排水平面图的识读				
	四~六层给水排水平面图的识读				
	七层给水排水平面图的识读				
	屋面层给水排水平面图的识读				
	D 户型给水排水大样图的识读				
总分					